莎士比亚的猴子

小问号童书　著 / 绘

中信出版集团 | 北京

图书在版编目（CIP）数据

莎士比亚的猴子 / 小问号童书著绘 . -- 北京 : 中信出版社 , 2023.7
ISBN 978-7-5217-5147-5

Ⅰ . ①莎… Ⅱ . ①小… Ⅲ . ①概率 - 少儿读物 Ⅳ . ① O211.1-49

中国版本图书馆 CIP 数据核字 (2022) 第 252584 号

莎士比亚的猴子

著 绘 者：小问号童书
出版发行：中信出版集团股份有限公司
（北京市朝阳区东三环北路27号嘉铭中心　邮编　100020）
承 印 者：北京启航东方印刷有限公司

开　　本：710mm × 1000mm　1/16　　印　　张：2.5　　字　　数：59千字
版　　次：2023年7月第1版　　印　　次：2023年7月第1次印刷
书　　号：ISBN 978-7-5217-5147-5
定　　价：20.00元

出　　品：中信儿童书店
图书策划：神奇时光
总 策 划：韩慧琴
策划编辑：刘颖
责任编辑：房阳　　营　　销：中信童书营销中心
封面设计：姜婷　　内文排版：王莹

服务热线：400-600-8099
投稿邮箱：author@citicpub.com

在无限的时间里，

猴子们只能做一件事，

打字、打字，还是打字。

他们真的能打出一部莎士比亚的著作吗？

有个图书管理员创建了一座图书馆，叫“无限图书馆”。在这座图书馆里，空间无限延展，时间静止不动。馆里收藏的作品也和别处不同——都是图书创作者无意识状态下偶然完成的。

为了管理图书馆，他雇了一群猴子。

猴子们不识字，更别谈写作了，但神奇的是，只要他们坐在打字机前没完没了地胡乱打字，这些字经过无数次的自动排列组合，终会组成一些优秀的作品，充实这座图书馆。

图书管理员耐心地敲着桌子，他有的是时间等待。

“这次的作品好像曾经看过。”管理员一张张翻看猴子们的新文稿，再一张张丢掉，“这些都不要，你们继续工作！”

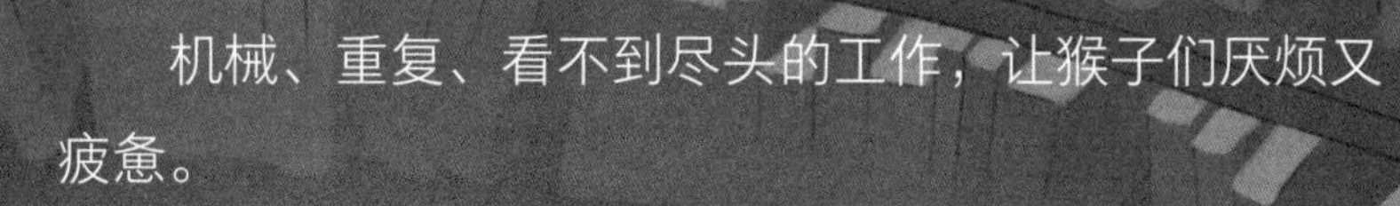

机械、重复、看不到尽头的工作，让猴子们厌烦又疲惫。

“我们受够了！”猴子们想要离开图书馆，回到有四季变化、昼夜交替的自由自在的日子里。

猴子们开始罢工。图书馆管理员很生气，他对猴子们说：“我给你们三次机会，只要能找到接替者，你们就可以获得自由。否则，你们就得永远为我工作。”

找谁呢？

动物们大都不感兴趣，摇着头离开了。只有树懒先生因为行动迟缓，还待在原地。

猴子们高兴地把树懒先生带回了图书馆。

“我怎么知道这个接替者是否合格呢？”图书管理员表示，等树懒先生完成一部合格的作品后，他才会放猴子们自由。

树懒先生开始工作了。懒洋洋、慢吞吞的他，一天只打一个字母。

“不——行——，我——太——”树懒先生慢吞吞地抬起手，慢吞吞地说，“困——了——”他抱着打字机睡着了，这次一个字母都没有。

太愁人了！

这样下去，什么时候才能完成一部作品！

猴子们等不及了，他们赶走了树懒先生，准备寻找新的接替者。

找谁呢?

猴子们还有两次机会。吸取了树懒先生的教训，他们找到一个勤劳、灵活敏捷的接替者——仓鼠小姐。

仓鼠小姐果然精力充沛，打字机的键盘成了她的游乐场。

“啪嗒——啪嗒——”她在键盘上爬来爬去，从左到右，从上至下，乐此不疲。

“咔嚓——咔嚓——”一张又一张稿件被打印出来，堆满了一个仓库。

“这次一定可以！”猴子们呼唤图书管理员。

“不行！”图书管理员翻阅了仓鼠小姐“创作”的所有作品，“统统不合格！”

“哪里不合格了呢？仓鼠小姐完成得很快呀。”

“因为她个子太小了……”

“你这么说很不礼貌！”仓鼠小姐感觉自己被冒犯了。

“好吧，对不起。但我还是要说，就是因为你个子太小了。”图书管理员拿着仓鼠小姐“创作”的作品，“看，你只能从左边到右边，或者从上面到下面挨个敲字。这样循环往复，打出的都是重复的。即使你有无限的时间，也不过在无限地重复，这些东西怎么能组合出一部优秀的作品呢？”

只有字母随机进行排列组合，才会有一定的概率组成优秀的作品。但仓鼠小姐个子太小了，她只能按顺序敲击第一个字母、第二个字母、第三个字母……

猴子们不存在这样的问题，他们手掌宽大，想敲击哪个字母，就敲击哪个字母，他们可以任意敲击左边、右边、中间、上面和下面任意一个地方的字母……这些字母可灵活组合。在无限的时间里，猴子们终将“创作”出一部优秀的作品。

仓鼠小姐气呼呼地离开了。

只剩最后一次机会了。猴子们下定决心要找到一个足够勤劳，个子又足够大的接替者。

找谁呢？

所有动物都对猴子们避之不及，仓鼠小姐告诉动物们无限图书馆里没有自由，图书管理员又脾气很坏，在那里他们得一刻不停地打字。“那里糟透了！”

树懒先生也慢吞吞地表示赞同：“没……错……”话还没说完，他又睡着了。

这次猴子们出来，一个愿意接替他们的动物都没找到。

就在这时，一名人类作家找了过来。

“我听说你们这里有无限的时间，这太好了。马上就要交稿了，可是我的时间完全不够用！”

猴子们将人类作家请进了图书馆。

他能行吗？猴子们在人类作家背后走来走去，偷偷观察。

“很好！他每时每刻都在打字！”

“完美！他想敲击哪个字母就敲击哪个字母！”

他们耐心等待了一会儿，直到人类作家把文稿装订成册，并一本一本地摞了起来。

“管理员！管理员！你快过来！”猴子们大喊大叫，手舞足蹈，自信极了。他们把这些新书稿哗啦一下推到管理员面前，催促管理员快点验收。

但这次，管理员还是说：“不行！”

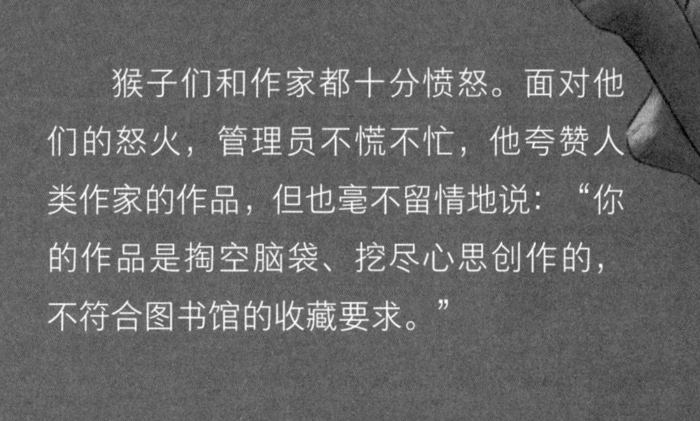

猴子们和作家都十分愤怒。面对他们的怒火，管理员不慌不忙，他夸赞人类作家的作品，但也毫不留情地说：“你的作品是掏空脑袋、挖尽心思创作的，不符合图书馆的收藏要求。”

“我的图书馆只要创作者无意识状态下偶然完成的作品。这个作品必须是随机产生的。打字的人要做的就是乱打一通，反正时间会带来我想要的。”

人类作家也被赶出了无限图书馆。

这也不行，那也不行，三次机会都用完了。

猴子们觉得管理员是故意为难他们，就是不想放他们自由。他们闹了起来。但管理员既不在乎他们砸烂打字机，也不介意他们撕坏书稿。怒火熄灭之后，猴子们不得不回到打字机前打字。

猴子们一刻不停地打字。

猴子们仍然一刻不停地打字。

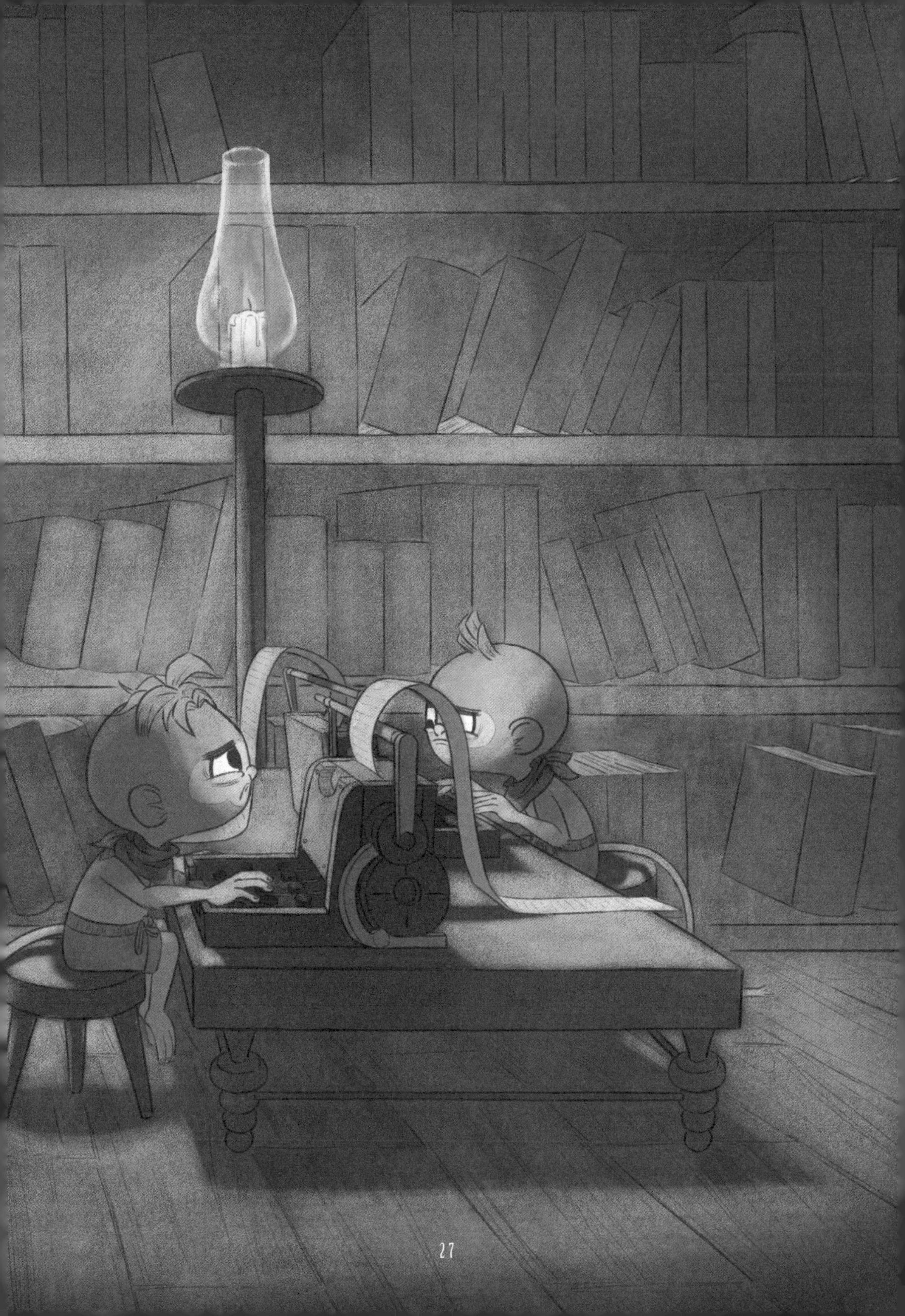

机械、重复、看不到尽头的工作……

一天，人类作家又来到了无限图书馆，他带来了一台电脑。

“只要设置好程序，这个电脑就会自动运转，随机敲击键盘，打出任意的字符。”

电脑一刻不停地运转，打字的速度比猴子们快多了，也不会像猴子们一样抱怨个没完。

管理员对这个接替者很满意，他放猴子们离开了。

管理员又把作家赶了出去。

程序运转，电脑开始敲击键盘。

纯靠程序随机诞生的作品，不管工作的是猴子还是电脑，都需要漫长的时间。

但管理员从不着急，他有的是时间。

真漂亮啊!
味道不错……
这个故事还会
有后续吗?

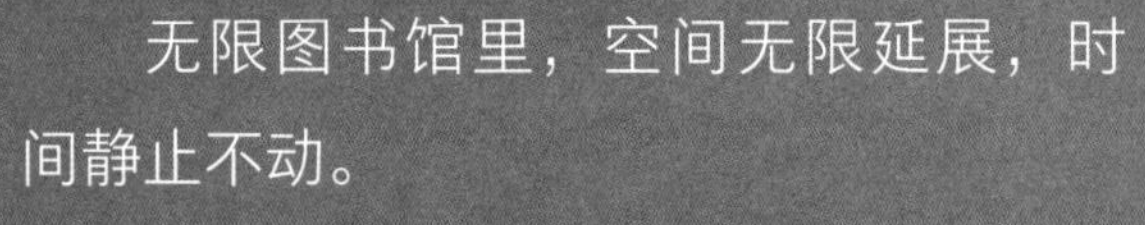

无限图书馆里，空间无限延展，时间静止不动。

电脑运转程序，敲击键盘，为图书馆增添了一本又一本新书。

忽然有一天，在程序随机打出的纸稿上，赫然出现了这样的文字：“抗议！！我们再也不要打字了！”

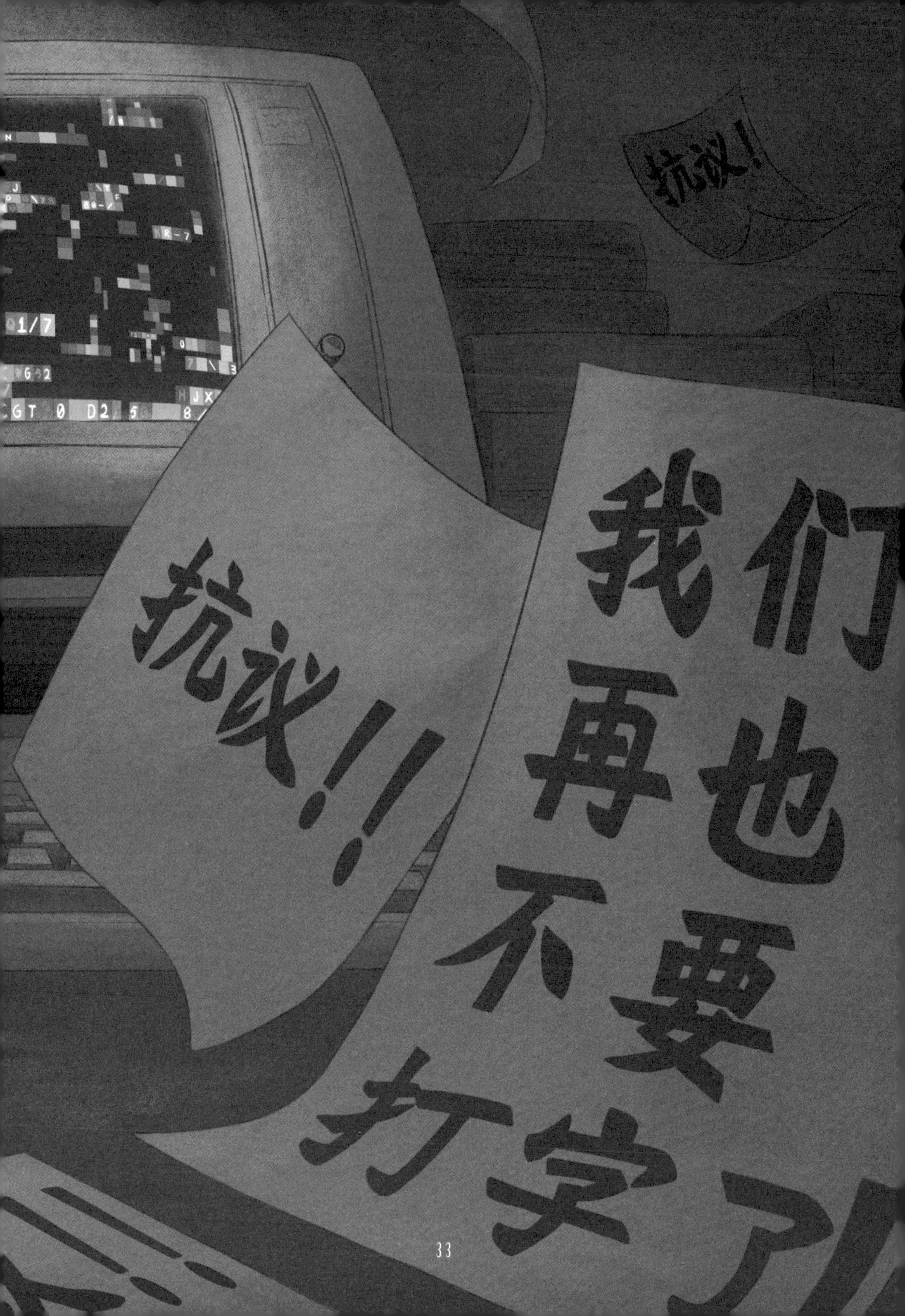
抗议!
抗议!!
我们再也不要打字

“莎士比亚的猴子”是什么？

埃米尔 · 波莱尔

埃米尔 · 波莱尔（1871—1956）是 20 世纪一位一流的数学家，多次获法国科学院奖。他在1909 年提到了“打字的猴子”这一概念。

这是波莱尔设想的一个思想实验，经过一些科学家的补充和阐释后，这个实验现在是这样的：

一只猴子在打字机上随意打字，并且时间持续无限长。那这只猴子几乎必然可以打出任何给定的文字，比如《莎士比亚全集》。

如何打出《莎士比亚全集》？

想要猴子打出《莎士比亚全集》，需要猴子满足两个特定的条件。

首先，要满足随机性，猴子不能掺杂任何主观意愿在里面，打字时不能刻意地打或者不打某一个字母。

2003 年，有科学家用猴子做这个实验，结果猴子打出的 5 页纸上，大多数都是 S，人们推测可能是这只猴子喜欢 S。

不仅如此，猴子还打烂了键盘，并在键盘上撒尿，无法继续打字，实验到此结束。

其次，时间要无限长。

人们常说，世界上没有两片相同的叶子，也没有两个一模一样的人，这是因为我们的地球虽然大，但也是有限的。但在无限的宇宙中，可能就存在两片相同的叶子、两个一模一样的人了。

背后的理论：概率论

猴子想要打出《莎士比亚全集》，必须满足随机和无限两个条件。只要满足这两个条件，不管是《莎士比亚全集》，还是其他任何文字组合，都可以被打出来。

莎士比亚的猴子其实就是一个概率问题。如果一件事情发生的概率为1，那么它就是必然事件，一定会发生。

一只随机打字的猴子，能够打出《莎士比亚全集》的概率是多少呢？我们可以试着计算一下。

26 个字母和一些标点符号，我们暂定为 30 个字符，《莎士比亚全集》假定为 500 万个字符。

Q	W	E	R	T	Y	U	I	O	P
A	S	D	F	G	H	J	K	L	Z
X	C	V	B	N	M	,	.	?	␣

第一个字符相同的概率是 1/30，前两个字符相同的概率是 $(1/30)^2$，前三个字符相同的概率是 $(1/30)^3$，完全相同的概率是 $(1/30)^{5000000}$。这个概率非常小，似乎不会发生。

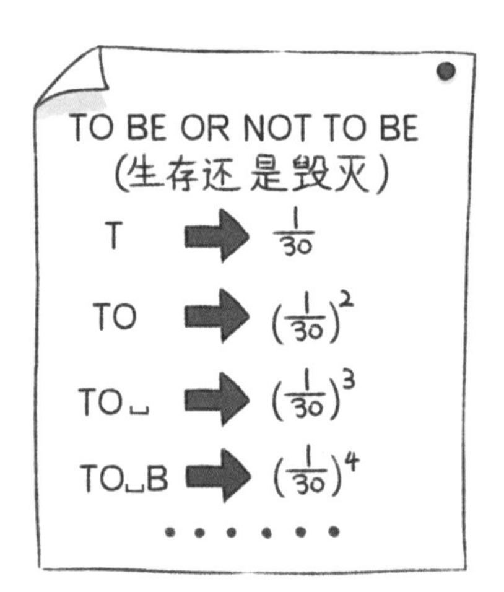

但是，由于时间是无限的，而无穷大乘以一个正数结果不是零，因此在无限的时间里，猴子一定可以打出《莎士比亚全集》。

现实中的“莎士比亚的猴子”

国外有一些人设计了一个模拟猴子乱打字的程序，然后对比《莎士比亚全集》，识别匹配两者相同的字符串。

这个模拟实验开始于2003年，每过几天猴子的数量会加倍。事实上，这个程序确实打出了一些和莎士比亚著作相吻合的字符串。

比如，它们打出了莎士比亚剧本中一句含有19个字符的字符串，但如果我们把这个时间换算一下就知道，为了打出这19个字符，一只猴子需要花费4.21625×10^{15}亿年，而宇宙诞生至今也才不足140亿年。